YI XIANG BU DAO DE SHI WU

意想不到的食物

沈 昉 靳婷婷 主编

哈爾濱工業大學出版社
HARBIN INSTITUTE OF TECHNOLOGY PRESS

图书在版编目（ＣＩＰ）数据

意想不到的食物 / 沈昉，靳婷婷主编 . — 哈尔滨 : 哈尔滨工业大学出版社 , 2016.10
（好奇宝宝科学实验站）
ISBN 978-7-5603-6008-9

Ⅰ . ①意… Ⅱ . ①沈… ②靳… Ⅲ . ①食品科学—科学实验—儿童读物 Ⅳ . ① TS201-33

中国版本图书馆 CIP 数据核字 (2016) 第 102720 号

策划编辑　闻　竹
责任编辑　范业婷
出版发行　哈尔滨工业大学出版社
社　　址　哈尔滨市南岗区复华四道街 10 号　邮编 150006
传　　真　0451-86414749
网　　址　http://hitpress.hit.edu.cn
印　　刷　哈尔滨经典印业有限公司
开　　本　787mm×1092mm　1/16　印张 10　字数 149 千字
版　　次　2016 年 10 月第 1 版　2016 年 10 月第 1 次印刷
书　　号　ISBN 978-7-5603-6008-9
定　　价　26.80 元

前 言

科学家培根曾经说过："好奇心是孩子智慧的嫩芽"，孩子对世界的认识是从好奇开始的，强烈的好奇心会增强孩子的求知欲，对创造性思维与想象力的形成具有十分重要的意义。本系列图书采用科学实验的互动形式，每本书中都有可以自己动手操作的内容，里面蕴含着更深层次的科学知识，让小读者自己去揭开藏在表象下的科学秘密。

本书内容的形式主要分为【准备工作】【跟我一起做】【观察结果】【怪博士爷爷有话说】等模块，通过题材丰富的手绘图片，向读者展示科学实验的整个过程，在实验中领悟科学知识。

这里需要明确一件事，动手实验不仅仅局限于简单的操作，更多的是从科学的角度出发，有意识地激发孩子对各方面综合知识的认知和了解。回想我们的少年时光，虽然没有先进的电子玩具，没有那么多家长围着转，但是生活依然充满趣味。我们会自己做风筝来放，我们会用放大镜聚光来燃烧纸片，我们会玩沙子，我们会在梯子上绑紧绳子荡秋千，我们会自制弹弓……拥有本系列图书，家长不仅可以陪同孩子一起享受游戏的乐趣，更能使自己成为孩子成长过程中最亲密的伙伴。

本书主要介绍了 60 个关于食物的小实验，适合于中小学生课外阅读，也可以作为亲子读物和课外培训的辅导教材。

由于编者水平及资料有限，书中不足之处在所难免，恳请广大读者批评指正。

编 者
2016 年 4 月

目 录

1. 布满花纹的鸡蛋

你们见过鸡蛋上布满花纹吗？快跟随我一起做下面的实验吧！

准备工作

- 一个熟鸡蛋
- 一支彩色画笔
- 一个杯子
- 一瓶白醋

跟我一起做

画图案时不要太用力，以防把蛋壳弄破。

1 用彩色画笔在鸡蛋上随意画一些图案。

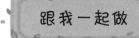

2 将画好图案的鸡蛋放到杯子里，向杯子里加入白醋，直到完全浸没鸡蛋为止。

3 两个小时以后，将杯子里的白醋倒掉，再重新加入白醋，浸泡鸡蛋两个小时。

两小时以后，取出鸡蛋，对着水龙头冲洗鸡蛋。观察鸡蛋有什么变化？ **4**

鸡蛋上的颜色都被洗掉了，图案会不会也消失了？

 观察结果

你会发现，尽管鸡蛋上图案的颜色被洗掉了，但是鸡蛋上还有你用彩色画笔画的图案的印迹，整个鸡蛋就像布满了花纹一样。

怪博士爷爷有话说

小朋友，你们知道吗？鸡蛋壳的主要成分是碳酸钙，白醋是酸性液体，酸能和碳酸钙发生化学反应，因而鸡蛋壳有一部分会被溶解掉，而被溶解掉的恰恰是没有用彩色画笔画过的地方。鸡蛋之所以看上去布满花纹，就是因为用彩色画笔画过的地方没有被白醋溶解掉。

2. 鸡蛋壳消失了

如果我们将生鸡蛋放入食醋里，鸡蛋会发生什么变化呢?

准备工作

- 一个生鸡蛋
- 一瓶食醋
- 一个玻璃杯

跟我一起做

1 在玻璃杯中倒入食醋。

食醋不要倒满，否则容易溢出来。

将生鸡蛋放入食醋内泡两天。 **2**

这期间，注意观察生鸡蛋的变化。

取出生鸡蛋，用清水洗干净。 **3**

请不要食用实验中用过的食醋和鸡蛋哦！

观察结果

将生鸡蛋放入食醋内，蛋壳上会冒出许多小气泡，鸡蛋一会儿上浮，一会儿下沉，两天后，蛋壳被完全溶解，鸡蛋变得软软的。

软

怪博士爷爷有话说

为什么会出现上面这种现象呢？这是因为鸡蛋的外壳主要由碳酸钙构成，放入食醋中就会因发生化学反应而溶解，并释放出二氧化碳气体，附着在鸡蛋上的气泡就是二氧化碳。鸡蛋壳内那层薄薄的膜是不会被食醋溶解的。同理，由碳酸钙构成的贝壳、珍珠等也会被食醋溶解。

3. 当鸡蛋遇到红茶

如果将生鸡蛋放入红茶中，会有什么变化呢？

准备工作

- 一根白色蜡笔
- 一个生鸡蛋
- 一杯热红茶

跟我一起做

画什么图案呢？自己发挥想象吧！

1 用白色蜡笔在生鸡蛋上画画。

注意，不要将鸡蛋壳弄破了！

2 将生鸡蛋放入热红茶中，浸泡约 1 小时。

3 拿出生鸡蛋，观察鸡蛋的变化情况。

观察结果

你会发现，生鸡蛋的蛋壳变成茶色，蛋壳上用白色蜡笔画的画浮现出来。

怪博士爷爷有话说

很多小朋友可能会问，为什么红茶会具有这么神奇的力量呢？其实，这主要是鸡蛋壳上无数个气孔作用的结果。你们知道吗？蛋壳上有许多气孔，红茶的色素进入气孔，所以会将蛋壳染成茶色。被蜡笔画过的地方气孔被堵住了，红茶无法进入，所以不会被染上颜色。

4. 哪个鸡蛋熟得更快

将两个鸡蛋分别放在两个完全相同的锅里煮，一个很快就熟了，另一个却需要煮很久才熟，这是为什么呢？

准备工作

- 两个平底锅
- 两个鸡蛋
- 水

跟我一起做

鸡蛋要打碎哦！可以请妈妈帮忙。

1 在两个相同的锅里加入适量的水，将两个鸡蛋分别打到这两个锅里。

可以请家长帮忙煮，小朋友站在一旁观察即可。

拧开炉火，开始煮鸡蛋。给其中一个锅盖上盖子，另一个不盖。

2

仔细观察，两个锅里的鸡蛋哪个先煮熟？

3

千万不要烫到自己哦！

观察结果

煮熟的鸡蛋真好吃，可是为什么盖上锅盖那个锅里的鸡蛋会先煮熟呢？

你会发现，盖上锅盖那个锅里面的鸡蛋先煮熟。

怪博士爷爷有话说

开火以后，火散发的热量传到锅底，锅里的水温不断上升。水受热后，水分子的运动会加速，有一部分水会以蒸汽的形式进入到空气中。这时候，如果盖上锅盖，水蒸气就无法散发到空气中，因而热量就不会流失，相反，没盖锅盖，一部分热量就会流失，因而锅里的水就不会很快达到沸点，鸡蛋也同样不会很快被煮熟。

5. 鸡蛋变成方形的了

你见过方形的鸡蛋吗？下面让我们一起来做一个吧。

准备工作

- 一个平底锅
- 一个鸡蛋
- 一台冰箱
- 一瓶花生油
- 凉水
- 一个比鸡蛋略小
  的方盒子

跟我一起做

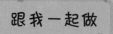

这里要请妈妈帮忙，注意安全哦！

1 往锅里加入适量的凉水，将鸡蛋放进去一块加热。水烧开后，再煮10分钟。

鸡蛋可以用纸巾或抹布包住，别烫伤手。

取出鸡蛋，将蛋壳剥掉。

3 如果剥开后鸡蛋不够热了，可以把它放入热水中，以保持热度。

4 在盒子里面涂上一层花生油，轻轻地将鸡蛋放进盒子里，盖上盖子，放入冰箱冷却 30 分钟。

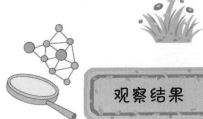

观察结果

30 分钟后，从冰箱里拿出鸡蛋，你会发现鸡蛋已经变成方形的了。

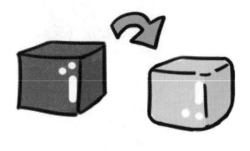

怪博士爷爷有话说

小朋友们，看到这个实验结果，你们一定非常惊讶吧！为什么鸡蛋会变成方形的呢？这是因为蛋白的主要成分是水和蛋白质。水烧开后，蛋白质就会像细线上的小球一样结合在一起，这会直接挤出蛋白质中的水分。另外，水烧开后再煮10分钟能让蛋白质变得更柔软。在这种情况下，比较容易改变鸡蛋的形状。所以，鸡蛋不仅能变成方形的，还能变成各种你想要的形状喔！

6. 牛奶变成塑料

不敢相信吧，牛奶可以变成塑料？下面这个实验非常有趣，做完你就知道这件事的真假了。

准备工作

- 一盒牛奶
- 一个平底锅
- 一把勺子
- 一瓶醋
- 一只旧长丝袜
- 一个小盆

跟我一起做

小心牛奶溅出来烫到自己！

1 将 500 毫升牛奶倒在锅里加热，当牛奶快沸腾时将火熄灭。

2 向热牛奶中加入一勺醋，搅拌均匀后让它冷却。

3 用旧长丝袜做个筛子，将煮热的牛奶过滤后倒在小盆里。

可以让妈妈帮忙撑着丝袜。

4 用勺子将过滤出来的凝固物质弄平，做成你喜欢的形状，如月亮、星星、花朵等。

5 三天过后，观察你做好的东西是否有变化。

观察结果

哇～～好像妈妈商场里买的玩具！

你会发现，这个用牛奶做成的东西已经变得像塑料一样坚硬了。

硬

怪博士爷爷有话说

牛奶变得像塑料一样坚硬，不可思议吧！惊叹之余，让我们一起看看为什么会这样吧！尽管牛奶是液体的，但它含有很多固体颗粒，这些固体颗粒均匀地分散在液体中。当加入食醋后，固体小颗粒就会凝结成一种叫"凝乳"的固体块儿，而剩下的液体便是人们所说的"乳浆"。这下，你们知道原因了吧！

7. 牛奶里加入柠檬汁

小朋友，你们试过向牛奶里加入柠檬汁吗？会发生什么变化呢？让我们一起来探索吧。

准备工作

- 半个鲜柠檬
- 一瓶醋
- 两杯牛奶
- 咖啡滤纸

跟我一起做

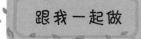

1 在一杯牛奶中挤入半个柠檬的柠檬汁，牛奶会发生什么变化？

2 在牛奶里放醋，牛奶会发生什么变化？

咦？牛奶怎么变得像米粥一样？真奇怪！

过滤会得到什么物质呢？

把黏稠的牛奶放入咖啡滤纸过滤。

3

观察结果

第一步和第二步中，在牛奶里放入柠檬汁或者醋后，牛奶都会凝固成黏稠的块状。

第三步中，下面会滤出透明的黄色液体，留下来的结块是乳酪。

怪博士爷爷有话说

牛奶为什么会凝固呢？这是因为柠檬和醋里都含有"酸"。酸具有使牛奶中的蛋白质凝固的作用。所以才会出现实验中的情形。第三步中，滤出来的液体叫作乳清，是去除了牛奶中的牛脂肪与蛋白质后的液体，味道稍微有点酸。酸奶上的那层液体也是乳清，营养价值非常高。

8. 哪杯牛奶先冷却

在同样的条件下，将两杯温度不同的牛奶放到同一台冰箱里，哪杯牛奶冷却得快呢？

准备工作

- 一盒牛奶
- 两个玻璃杯
- 一口蒸锅
- 一台冰箱

跟我一起做

小朋友可不要贪吃，把牛奶喝掉哦！

1 在两个相同的玻璃杯中倒入等量的牛奶。

把两杯牛奶分别放入蒸锅中，一杯加热3分钟，一杯加热5分钟。

2

小朋友最好请妈妈帮忙加热，以免烫到自己。

3 把两杯不同温度的牛奶放入冰箱的冷藏室。

哪杯会更快冷却呢？

观察结果

真是难以置信！为什么会这样？

你会发现，热牛奶冷却得更快。

怪博士爷爷有话说

这个实验所表述的是姆潘巴现象——液体冷却的快慢不是由液体的平均温度决定的，而是由液体表面与底部的温度差决定的。热牛奶急剧冷却时，温度差较大，而且在整个冻结前的降温过程中，热牛奶的温度差一直大于冷牛奶的温度差。因此，热牛奶冷却得更快。

g. 绿色的牛奶

在牛奶里加一勺紫甘蓝汁，牛奶会发生什么神奇的变化呢？快来跟我一起做下面的实验吧！

准备工作

- 一个玻璃杯
- 一盒牛奶
- 一小杯紫甘蓝汁
  （让家长帮忙制取）

跟我一起做

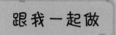

用玻璃杯装半杯牛奶，向牛奶里加一小杯紫甘蓝汁。等一会儿，观察牛奶有什么变化？

观察结果

哇～～～太神奇了！
是谁施的魔法吗？

你会看到，牛奶由白色变成绿色了。

怪博士爷爷有话说

当 pH 大于 7 时，溶液是碱性的；小于 7 时，溶液就是酸性的。牛奶的 pH 大于 7，因此，它是碱性的。而紫甘蓝汁里含有遇碱性溶液会变绿色的物质，因此，向牛奶里加紫甘蓝汁，牛奶就会变成绿色。

10. 面粉变成蓝色了

通常我们看到的面粉都是白色的，下面实验中的面粉却变成了蓝色，这是怎么回事呢？

- 一只小碗
- 一小袋面粉
- 一把勺子
- 一只碟子
- 冷水
- 热水
- 碘溶液

跟我一起做

1 向碗里倒一些面粉，加入适量的冷水，用勺子搅拌均匀。

向面粉里再加适量的热水。

等面粉冷却后，舀一勺面糊放在碟子上，然后向面糊上滴几滴碘溶液，观察面糊有什么变化？

观察结果

蓝色的面粉？真是不可思议！

你会看到，面糊变成了蓝色。

怪博士爷爷有话说

实验中我们可以看到，因为碘的介入，面糊才变成蓝色。那么碘是怎么做到让面糊变色的呢？碘是一种微量元素，面粉中含有淀粉，淀粉遇到碘会发生化学反应，在这一反应中，碘原子会进入淀粉的分子中，致使面粉变成蓝色。

11. 膨胀的油条

你见过炸油条吗？放入油锅之前，油条非常小，可是被炸过之后，它却像被吹大了的气球，体积膨胀了好多倍。这是为什么呢？

准备工作

- 一个不锈钢盆
- 一小袋面粉
- 一袋发酵粉
- 一瓶食用油
- 水

跟我一起做

做面团可是技术活，要找妈妈做指导哦！

1 在盆里放适量的面粉和水，向面粉里加入适量的发酵粉，用筷子搅拌均匀后静待面粉发酵。

2 待面粉发酵后,将面团揉成粗细条状,两根、两根地扭在一起。

请家长帮忙将油条放入油锅中炸一下,观察油条的变化情况。 **3**

> 观察时不要离锅太近,小心油烫。

观察结果

不一会儿,你就能看到自己揉好的"粗面条"变成了粗大的油条。

 ## 怪博士爷爷有话说

看着炸好的油条,是不是很有成就感呀!这里起关键作用的就是**发酵粉**,我们来说说发酵粉是如何起作用的。发酵粉的主要成分是碳酸盐类化合物,这种化合物受热后会释放出二氧化碳气体,致使面粉膨胀,所以,被炸过的油条就像被吹气了一样膨胀起来了。但是二氧化碳气体不会一直停留在油条里,它们会跑到空气里。

12. 发霉的面包片

好好的面包片，为什么会发霉呢？快跟随我一起做做看吧。

准备工作

- 一片面包片
- 一个密闭容器

跟我一起做

密闭容器一定要密封好，不能漏气。

1 用手触摸切片面包，然后放进密闭容器中，放置一周左右。

2 一周过后，打开看看里面发生了什么变化？

观察结果

这么干净的面包片怎么会生霉菌?

打开容器,你会看到用手触摸过的地方长了霉菌。如果继续放置,霉菌会肆无忌惮地蔓延。

怪博士爷爷有话说

为什么用手触摸过的地方会长霉菌呢?霉菌是一种微生物,可以分裂孢子(类似于植物的种子)进行繁殖。附着在手上的霉菌的孢子粘到面包上,那么面包就成为它的营养来源,因此霉菌就会增加。

霉菌喜欢什么样的环境呢?霉菌的孢子非常小,肉眼根本看不见,但是随处都有。霉菌喜欢温度在 25 ~ 30℃之间、潮湿并且营养丰富的环境。除了食物,浴室里的毛巾上也会长霉菌。霉菌不喜欢干燥、寒冷的地方。空气也是霉菌生长必须具备的条件之一。

13. 会吹气球的酵母

发面用的酵母居然会吹气球？这可能吗？一起来看看吧！

准备工作

- 一袋酵母
- 一袋白糖
- 一杯热水
- 一个玻璃瓶
- 一个气球

跟我一起做

1 将酵母和白糖倒入玻璃瓶中混合均匀。

在玻璃瓶中慢慢地加入热水，然后摇匀。

2

如果瓶子比较烫，可以用毛巾来包裹它。

3 将气球快速地套在瓶颈上。半小时后，观察瓶子和气球的变化。

观察结果

你会看到，瓶子里产生很多泡沫，气球自己慢慢地鼓起来。

怪博士爷爷有话说

　　小朋友们经常看到爸爸妈妈在和面蒸馒头时，都会在面粉里加入适量的酵母，因为有酵母，面粉才会"发"起来。酵母是一种真菌，把它混合在面粉里，它会发生作用将淀粉分解成糖，进而从糖中获得养料，产生二氧化碳。而二氧化碳的生成，正是瓶口的气球会被吹起来的原因。

14. 给饼干制作糖衣

饼干很好吃，如果给饼干披上糖衣，就会变得更香甜美味。小朋友们快跟我一起做做看吧。

准备工作

- 一个鸡蛋
- 一袋糖粉
- 一瓶柠檬汁
- 食用色素
- 可可粉
- 抹茶

跟我一起做

1 分离鸡蛋的蛋清和蛋黄，只使用蛋清。

2 将 1 小勺蛋清放到 3 大勺糖粉中。

用勺子进行充分搅拌，会逐渐凝固。 **3**

小朋友在具体操作时，可以请妈妈在旁边进行指导。

4 取出一部分步骤三中的糖粉备用，在剩余的糖粉中滴入 2～3 滴柠檬汁，进一步充分搅拌，直到变成稍硬的奶油状，糖衣就算制作完成了。

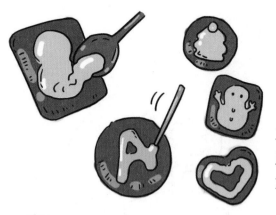

用牙签、勺子等工具在饼干上分别用加入柠檬汁和未加入柠檬汁的糖衣写字作画吧。 **5**

6 添加颜色的时候，将食用色素用水溶解开，用牙签尖蘸取，一点点地加到蛋液里即可。可可粉和抹茶可以直接撒进去。

观察结果

几滴柠檬汁会有这么大的作用吗?

用手指轻压饼干表面，发现加了柠檬汁的糖衣饼干表面硬硬的，没有加柠檬汁的糖衣饼干表面软软的。

怪博士爷爷有话说

为什么加柠檬汁和不加柠檬汁区别这么大?这是柠檬汁里的"酸"在起作用。柠檬汁里的"酸"会使蛋清中的蛋白质完全变硬变白。加了柠檬汁的糖衣又白又硬，但是如果不加入柠檬汁的话，就只有表面是硬的，颜色却不会雪白。

15. 美丽的结晶花

盐是大自然送给我们的调味食品，呈结晶颗粒状，一旦溶解之后，就好像消失了，什么都看不见了。利用食盐可结晶、可溶解的特性，我们还可以做出美丽的结晶花！

准备工作

- 一根细线
- 一口锅
- 一个耐热杯子
- 一条厚毛巾
- 水
- 一袋盐
- 一根竹签
- 一根装饰用金属扎带

跟我一起做

1 将装饰用金属扎带弯成花朵的样子，用细线将其绑在竹签上。

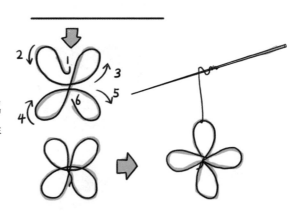

2 在锅里放入 1 升水和 400 克以上的盐。将水烧开并搅拌使盐充分溶解在水中。

用火时要注意安全，最好请爸爸妈妈帮忙。

将热盐水倒入耐热的杯子里，围上毛巾，使热量慢慢散掉。 **3**

热盐水很烫，一定要小心一些哦！

4 将用金属扎带弯成的花朵浸入热盐水中，静置一整天。

好期待会出现什么样的景象呢？

好奇宝宝科学实验站

 观察结果

哇～～好像一朵水晶花啊！它是怎么形成的呢？

一天过后，你会看到扎带上慢慢出现结晶，而且越来越大，呈现出漂亮的四边形。

怪博士爷爷有话说

水的溶解力和温度有关，水温越高，所能溶解的食盐颗粒也就越多，当溶解到一定的程度时，只要再加点热水，就又可以增加溶解力了。而当水温降低时，被溶解的物质则会出现沉淀，结晶花就是利用这个原理做出来的。

40

16. 盐竟然会变甜

一般来说，加盐会让食物变咸，加糖会让食物变甜，但是在下面这个实验中，加了盐，反而让食物变甜了，你们知道这是为什么吗？

准备工作

- 四只碗
- 红豆汤
- 一袋糖
- 一袋盐
- 一个西瓜
- 一把水果刀

跟我一起做

喝加了盐的红豆汤会有什么感觉呢？

1 在红豆汤里加糖之后，将它分成两碗。喝完第一碗，喝第二碗前先加少量的盐。

2 将西瓜切开，分成两份。在其中一份上撒少许的盐，先吃完没有加盐的那份，再吃加盐的一份，会有什么感觉？

观察结果

明明加了盐，怎么会更甜呢？真奇怪！

第一步中，你会感觉第二碗红豆汤更甜一些。
第二步中，你也会感觉第二份西瓜更甜一些。

怪博士爷爷有话说

为什么会这样呢？其实并不是盐真的让食物变甜了，而是我们的味觉器官出现了错觉。味道是经由舌头上的"味蕾"为我们所感知的。如果持续地给予味蕾甜的刺激，那么，它对甜味的感觉会慢慢迟钝。此时，如果给予味蕾另外的刺激，会使味蕾对甜味的敏感度再次恢复。

17. 当小苏打遇到醋

当小苏打遇到醋时，会发生什么现象呢？让我们在下面的实验中一起来体验吧。

准备工作

- 一瓶食醋
- 一袋小苏打
- 一个玻璃杯
- 一把小勺

跟我一起做

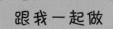

1 在杯子里倒入半杯食醋。

2 放入一勺小苏打。观察玻璃杯里发生的变化。

小朋友可不要被出现的景象吓到哦!

观察结果

将小苏打放到醋里,会立刻涌起很多泡沫,并且泡沫会从杯子里溢出来。

怪博士爷爷有话说

小苏打,也就是碳酸氢钠,它是碱性的,醋是酸性的,将小苏打与醋混合到一起会产生二氧化碳。那些泡沫里的气体就是二氧化碳。

18. 当水萝卜遇到醋

当粉嫩的水萝卜遇到醋时，会发生什么现象呢？应该不会像小苏打那样吧！

准备工作

- 三个小水萝卜
- 一把菜刀
- 一瓶醋
- 一袋白糖
- 一把勺子
- 一只玻璃碗

跟我一起做

小心用刀，不要伤到手哟！

1 将三个小水萝卜都切成薄片，放入玻璃碗里。

2 然后放入 50 毫升的醋、两大勺白糖，浸渍 30 分钟。

观察结果

5 分钟以后，你会看到醋变红了。泡的时间越长，醋和小水萝卜就会变得越红。

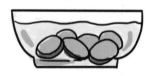 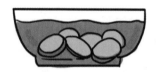

怪博士爷爷有话说

为什么醋会变红呢？这是因为小水萝卜皮里含有的被称为花青素的色素溶解到了醋里。花青素与酸性的醋发生反应，所以才会变红。

19. 当生姜遇到醋

通过上面的实验,我们看到小苏打和水萝卜遇到醋,都会发生不同的反应,如果换成生姜,又会是怎样的情景呢?

准备工作

- 一块生姜
- 一把菜刀
- 一瓶醋
- 一袋白糖
- 一把勺子
- 一只玻璃碗

跟我一起做

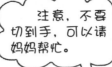

注意,不要切到手,可以请妈妈帮忙。

1 将一块生姜切成薄片,放入玻璃碗里。

2 然后放入 50毫升的醋、两大勺白糖，浸渍2小时。

观察结果

2小时后，你会看到淡黄色的醋和生姜会变成淡粉色的。

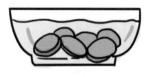 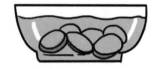

怪博士爷爷有话说

生姜里含有一种被称为花青素的色素，这种色素我们肉眼看不见。花青素与酸性的醋发生反应，从而使醋与生姜都会变成粉色。

20. 咖喱粉与香皂的组合

我们知道用咖喱粉可以做出很多美味的菜肴,但是当咖喱粉遇到香皂时,会发生什么现象呢?

准备工作

- 一袋咖喱粉
- 一块棉白布
- 一块香皂
- 一量杯热水
  （400毫升,90℃左右）

把布从热水里拿出来时,注意不要烫到手。

跟我一起做

1 用400毫升热水将两大勺咖喱粉调匀。将棉白布放到咖喱粉溶液里浸泡10分钟左右。

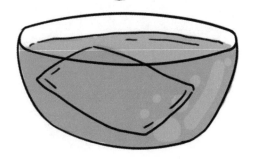

2

用水稍微洗一下，拧干。然后放在盘子里，用香皂画上几笔。

观察结果

香皂难道会变色吗？到底是怎么回事？

用加了咖喱粉的热水将白布染成黄色。用香皂在布上面画上几笔，画过之处就变成了鲜艳的红色。

怪博士爷爷有话说

咖喱粉中含有的姜黄色素遇到碱性物质会变成红色，而香皂是碱性的，所以棉白布上用香皂画过的地方就会变成红色。

21. 能去色的柠檬汁

刚才的实验中，棉白布被染成了红色，如果我们想把红色去掉，该怎么办才好呢？

准备工作

- 一个切开的柠檬
- 实验 20 中被染了色的棉白布

跟我一起做

为达到效果，尽量多挤一些柠檬汁。

在用香皂画过后变红了的地方滴上柠檬汁，会发生什么变化？

呀！这太神奇了！红色去哪了？

观察结果

你会看到，红色一点点消失了。

怪博士爷爷有话说

咖喱粉中含有的姜黄色素遇到碱性或者中性环境就显现黄色。由于在碱性的红色部分滴上了酸性的柠檬汁，不再是碱性环境，所以又重新变回了黄色。

22. 膨胀的碳酸饮料

小朋友，你们试过将碳酸饮料放到冰箱里冷冻吗？冷冻过后的碳酸饮料会是什么样子呢？

准备工作

- 一台冰箱
- 一个一次性塑料杯
- 一瓶碳酸饮料

跟我一起做

1 将碳酸饮料倒入一次性塑料杯中。

由于玻璃杯会冻碎，所以请不要使用玻璃杯。

挪拉冰箱抽屉时要小心，别把杯子碰倒了。

打开冰箱，将装好饮料的杯子放到冷冻室里冷冻。

一天后，观察杯子里饮料的变化情况。

哈哈，饮料一定被冻成冰了，可以吃到冰块喽！

观察结果

你会看到，冻结后的碳酸饮料体积膨胀开来，比杯子还高出一块。

怪博士爷爷有话说

水冷冻后体积会膨胀到大约原来的 1.1 倍。碳酸饮料几乎都是水分，二氧化碳溶解在里面。冷冻的时候一部分二氧化碳释放出来，所以碳酸饮料比起水又多了二氧化碳，体积膨胀起来，自然会超过水的体积。

23. 当白糖遇到碳酸饮料

如果将白糖加到碳酸饮料里，会发生什么现象呢?

准备工作

- 一个杯子
- 一袋白糖
- 一瓶碳酸饮料
- 一把勺子

跟我一起做

在杯子里多放些碳酸饮料，然后将1勺白糖全部撒到饮料中。

最好找一个托盘放在杯子下面，防止饮料溢出来弄湿桌面。

观察结果

这么多的泡泡是从哪里冒出来的?

将白糖放到碳酸饮料里,会产生大量的气泡。

怪博士爷爷有话说

碳酸饮料的泡沫里是二氧化碳。加入白糖,二氧化碳会附着在白糖颗粒的四周浮出水面,因此会产生大量气泡。小朋友,你们可以尝试做一下,放入食盐的话,会怎样呢? 如果放入食盐,因为二氧化碳在盐水中的溶解度比在水中的溶解度要小得多,所以加入盐的一瞬间会产生大量二氧化碳气泡,看着就好像饮料沸腾了一样。

24. 自制汽水

夏天里喝一瓶冰凉的汽水可以解暑降温，令人神清气爽。如果可以在家里自己制作汽水，那就太好了。其实，这个做起来非常容易。

准备工作

- 一个汽水瓶
- 一双筷子
- 一台冰箱
- 一瓶白糖
- 一瓶果味香精
- 柠檬酸
- 冷开水
- 一袋小苏打
  （碳酸氢钠）

跟我一起做

瓶口比较小，倒水时要慢慢进行。

 1 将汽水瓶洗干净，在瓶中加入冷开水，直至水到达瓶颈。

2 在汽水瓶中加入白糖和果味香精后搅拌均匀。

可以根据自己的喜好来控制加入白糖和香精的量。

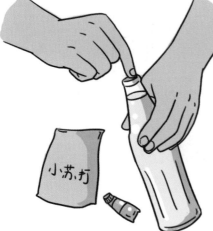

在瓶中加入 2 克碳酸氢钠，溶解后迅速加入 2 克柠檬酸，并盖紧瓶盖。 **3**

碳酸氢钠就是小苏打，可不要搞错了哦！

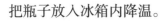

4 把瓶子放入冰箱内降温。

哇～～凉爽的汽水就这样做好了，真是太棒了！

汽水降温后，打开瓶盖，你会看到什么现象？ **5**

观察结果

好多气泡不停地向上跑，这是怎么回事？

你会看到，瓶子中有气泡产生。

怪博士爷爷有话说

　　实验中，在白糖、香精和水的混合溶液中加入碳酸氢钠后，碳酸氢钠会与柠檬反应，生成氯化钠和碳酸。碳酸极不稳定，随时可能生成二氧化碳和水，使瓶子里的液体内出现大量气泡。

25. 可乐除锈

铁锈通常很难去除，除了用砂纸打磨外还有什么好办法吗？

准备工作

- 一大瓶可乐
- 一瓶水
- 两颗生锈的铁钉
- 两个杯子

跟我一起做

> 两个杯子里水和可乐的量要一样哦！

1 在第一个杯子里装入水，在第二个杯子里装入可乐。

好奇宝宝科学实验站

2 　　分别在每个杯子里各放入一颗生锈的铁钉。

3 　　让铁钉在液体中浸泡几个小时，在试验结束时倒掉两个杯子里的液体。

观察结果

可乐里隐藏着什么秘密吗？它居然会除铁锈！

　　你会看到，可乐里很快就出现了一些小气泡，钉子上的铁锈逐渐被溶解了，可乐的颜色也变得更深了，一些铁锈漂浮在可乐里，钉子变成了深绿色，但是铁锈消失了。水中的铁钉则继续生锈。

怪博士爷爷有话说

小朋友，你们知道吗？可乐中除了糖和碳酸以外，还包含能蒸发的磷酸。磷酸可以去除铁锈，并且阻止生锈的过程。因为可乐可以防锈，所以人们用可乐来擦保险杠。实际上，人们在商店里购买的除锈剂中就含有磷酸。

26. 不相溶的盐水和酱油

向一杯清水里滴入几滴酱油,清水肯定会变黑,但如果将酱油倒在盐水上,它们俩却不会相溶,这是为什么呢?

准备工作

- 一瓶浓盐水
- 一瓶酱油
- 一张纸片
- 一把剪刀
- 两个杯子

跟我一起做

小朋友,使用剪刀时注意不要伤到手哦!

1 将浓盐水与酱油分别装入相同的两个杯子,用剪刀将纸片剪成酱油杯口那么大,然后将它盖在酱油杯口上。

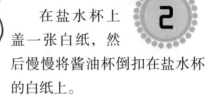

为防止出现意外，建议将杯子放在托盘里。

2 在盐水杯上盖一张白纸，然后慢慢将酱油杯倒扣在盐水杯的白纸上。

3 慢慢抽出白纸，你会看到什么现象？

天啊！酱油不会都洒出来吧？

观察结果

这真是太奇怪了！到底是怎么一回事呢？

你会看到，酱油不会漏出来，就算酱油杯口上的纸完全浸湿了，酱油和盐水相接触了，它们也不会相溶。如果让酱油在下面，浓盐水在上面，那么它们就会混合在一起。

怪博士爷爷有话说

　　浓盐水的密度比酱油的要大，浓盐水像有一股排斥力一样，拒酱油于门外。尽管它们叠在一起时有所接触，但却无法相溶。

27. 分分合合的油水

向装有水的塑料瓶中滴入几滴食用油,用力摇一下,油和水会混合在一起。停止晃动,当瓶子里的液体静止下来时,油和水又分开了。

准备工作

● 一个空塑料瓶
● 一瓶清水
● 一瓶食用油

水　油

跟我一起做

同样都是液体,居然没有混合在一起?

1 向塑料瓶里装一些清水,再向里面滴入一些食用油。让瓶里的水保持静止状态,你会看到油和水是分开的。

2 盖上瓶盖，用力摇一摇瓶子，油和水混合在一起了。

3 将瓶子放在桌子上，等瓶里的水静止以后，你会看到什么现象？

瓶里的水静止需要一点时间，要有耐心哦！

 观察结果

你会看到重新分开的油和水，并且油会浮在水上面。

油和水一会儿混合，一会儿又分开，可真有意思！

小朋友们想一想，为什么会这样呢？

怪博士爷爷有话说

用力摇晃瓶子，瓶里的油和水会暂时混在一起，但这并不是真正意义上的相溶，而是由于运动的惯性而交融在一起。瓶中的水静止后，油和水会分开，这是因为油分子和水分子之间的**吸引力**要比油分子与油分子之间的吸引力小，所以，油分子更愿意与油分子聚集在一起，自动与水分子分开。而油之所以会浮在水面上是因为油的密度比水的密度小。

28. 奇妙的分层现象

向玻璃罐里分别倒入等量的油、水和蜂蜜，它们会自动分成三层，为什么会出现这样奇妙的分层现象呢？

准备工作

- 三把勺子
- 一个玻璃罐
- 一瓶食用油
- 一瓶水
- 一瓶蜂蜜

跟我一起做

油、水和蜂蜜的加入顺序没有限制。

 1 在玻璃罐里加入三勺食用油，三勺水，三勺蜂蜜。

2 盖上盖子，用力摇晃，直到摇匀为止。

盖子一定要拧紧，以防摇晃时罐子里的液体洒出来。

3 将玻璃罐放在桌子上，等玻璃罐里的液体静止后，观察液体的变化情况。

哇！原本混合的液体好像在慢慢分离，好神奇！

观察结果

你会看到，油在最上面，水在中间，蜂蜜在最底部。

怪博士爷爷有话说

蜂蜜、水、油是互不相溶的，但是蜂蜜的密度比水的大，油的密度比水的小，所以，水在中间，蜂蜜在最底部，油浮在最上面。

29. 红糖水变成白糖水

暗红色的红糖水怎么就变成无色的白糖水了呢？做完下面的实验，你就知道这是怎么回事了。

准备工作

- 两个玻璃杯
- 一把小勺子
- 一袋红糖
- 一杯开水
- 一双筷子
- 一些活性炭

跟我一起做

开水很烫，搅拌时小心一些，不要被烫到！

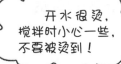

1 在玻璃杯里加入几勺红糖，再向杯里加入适量开水，用筷子搅拌一下，直到红糖都溶解为止。

好奇宝宝科学实验站

向红糖水里加适量的活性炭，用筷子不断搅拌，将杯中的悬浊物滤出去，你会看到什么现象？

咦？谁把红色变走了？

观察结果

你会看到，红糖水的颜色竟然消失了，变成无色的白糖水。

怪博士爷爷有话说

红糖之所以是暗红色的，是因为红糖中有白糖中所没有的有色物质。如果将红糖溶于水中，并加入足够的活性炭，红糖中的有色物质就会被活性炭吸走，所以红糖水能变成无色的白糖水。

30. 冰冻的糖和盐

怎么才能分辨出糖和盐呢？跟随我们做下面的实验，你就知道了。

准备工作

- 一勺盐
- 一勺糖
- 两个杯子
- 红色食用色素
- 蓝色食用色素
- 一个带隔板的托盘

跟我一起做

虽然是食用色素，但小朋友也不要随便吃到嘴里哦！

1 分别向两个杯子中倒入半杯水，一个杯中滴入红色食用色素，另一个杯中滴入蓝色食用色素。

2 将糖放入红色食用色素中，盐放入蓝色食用色素中，让它们溶解在水中。

3 将两杯溶液分别倒入托盘中隔板的两侧，然后将托盘放入冰箱冷冻室，静置 1 ~ 2 小时。

托盘上的红、蓝溶液会不会都被冻住了？

观察结果

2 小时后，你会看到糖水被冻住了，但盐水仍然是液态的。

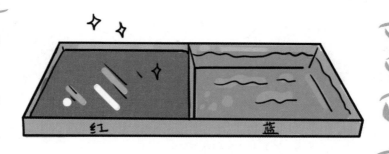

怪博士爷爷有话说

水的冰点（冻结成冰的温度）是0℃，糖和盐都会降低水的冰点。但是糖分子比盐分子大，一勺盐的分子数量比一勺糖多。在这个实验中，糖水的冰点比盐水高两倍多。

31. 能点燃的方糖

直接用火柴点方糖，方糖不能被点燃，但是如果向方糖上放一些东西，方糖就能被顺利点燃了。

准备工作

- 两块方糖
- 一只碟子
- 一盒火柴
- 烟灰

跟我一起做

划火柴时要注意安全哦！可以请爸爸妈妈帮忙。

1 在两个碟子里分别放一块方糖。

划着火柴，试着点燃第一块方糖，观察方糖的变化。 **2**

3 在第二块方糖上均匀地抹一些烟灰，然后再划着火柴，让它靠近方糖，观察方糖的变化。

烟灰可以找吸烟的大人要哦！千万不要自己尝试吸烟。

观察结果

第二步中，你会发现方糖根本点不燃，等火柴熄灭后，方糖变成了褐色的焦糖。

第三步中，你会发现方糖被点燃了，并且出现了淡蓝色的火焰。

怪博士爷爷有话说

　　烟灰在这个实验中扮演的是催化剂的角色，它能加速方糖的燃烧，并能让方糖持续地燃烧，但它本身不会有任何变化。

32. 白糖吹泡泡

大家都玩过吹泡泡吧？但是，你知道让泡泡变得更大的方法吗？要是不知道也不要紧，我们请了白糖来帮忙，一起开始实验吧！

准备工作

- 一块小肥皂
- 一个玻璃杯
- 一袋白糖
- 一根细铁丝
- 一个啤酒瓶
- 一瓶水

跟我一起做

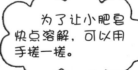

为了让小肥皂快点溶解，可以用手搓一搓。

1 将一块小肥皂放进玻璃杯里，加水溶解掉。

2 向肥皂水里加进一些白糖。

白糖可有大作用，不要忘记加嗒！

3 将细铁丝在啤酒瓶口绕一圈，拧成一个带柄的圆环。

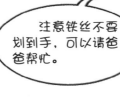

注意铁丝不要划到手，可以请爸爸帮忙。

4 将圆环放进肥皂水里。

5 再将圆环拿出来，圆环上有了一层肥皂薄膜。

如果圆环上的薄膜很容易破，就再放一点肥皂。

6 接着将圆环举高，用嘴对着圆环轻轻吹气。

观察结果

你会看到，肥皂薄膜向外鼓了起来，慢慢变成了一个大大的肥皂泡。

怪博士爷爷有话说

有的小朋友可能要问，为什么泡泡水里要加入白糖呢？这是因为白糖能增强泡泡的黏性，让泡泡不易破。同时，要想让泡泡持久，对湿度、温度要求很高，我们在吹的时候力度要恰当，气息要均匀。多找几个小伙伴一起来做实验，看看谁的泡泡吹得最大？

33. 红茶变色了

泡一杯红茶，泡好后，向茶水里加一些柠檬汁，红茶很快就会变成"白茶"了，这是怎么回事呢？

准备工作

- 一袋红茶包
- 一杯热水
- 一个杯子
- 半个柠檬

跟我一起做

倒热水时千万不要烫到自己！

1 将茶包放入杯中，用热水泡一杯红茶。

挤一些柠檬汁，滴到红茶中。

观察有什么变化？

观察结果

你会发现，红茶立刻变得透明了，颜色不知道跑到哪里去了。

怪博士爷爷有话说

柠檬酸具有漂白作用，可以说，它是一种天然的漂白剂，把它加入红茶中，它会和红茶中的染料发生化学反应，因而红茶的颜色会褪去，这下你们弄明白了吧！

34. 当红茶遇到蜂蜜

当红茶和蜂蜜结合到一起时，会发生什么现象呢？会好喝吗？做完实验后我们可以一起来尝尝。

准备工作

- 一瓶蜂蜜
- 一把勺子
- 一杯红茶

跟我一起做

将一大勺蜂蜜放入红茶中充分搅拌。

观察结果

哈哈，红茶变"黑茶"，小朋友你敢喝吗？

将蜂蜜放到红茶里，颜色会变黑，但是很好喝。

怪博士爷爷有话说

为什么会变黑呢？因为蜂蜜中的"铁"和构成红茶的香气与味道的鞣酸结合在一起，会使得茶水颜色变黑。

35. 停止流出来的果汁

杯子明明没有装满，为什么果汁会倒不出来了呢？做完下面的实验，你就能找到答案了。

准备工作

- 一瓶果汁
- 一个玻璃杯

跟我一起做

1 打开装有果汁的饮料瓶的瓶盖，将一个杯子扣在瓶口处。

注意，杯口要比果汁瓶身粗。

将杯子扣住瓶口，然后翻转过来，接着慢慢提起饮料瓶。观察果汁的变化情况。

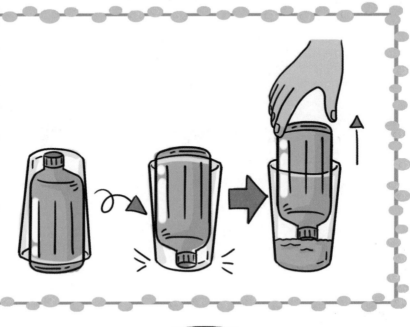

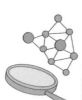

翻转饮料瓶时要把杯子压紧，很有难度哦！

观察结果

你会看到，将饮料瓶在杯中倒过来，果汁会流到杯子里，但是在杯子里的果汁到了饮料瓶口高度的时候停住了，不再流到杯子里。

怪博士爷爷有话说

空气会从果汁流出的地方进入饮料瓶。但是一旦流出来的果汁将瓶口浸没了，空气就无法再进入饮料瓶中，所以果汁也就不能再继续流出来了。

36. 突然结冰的果汁

刚从冷藏柜取出来的果汁，本来没有结冰，可是一打开瓶盖，它竟然结成了冰块。

准备工作

- 一个小塑料杯
- 一瓶果汁
- 一台冰箱

跟我一起做

1 用小塑料杯装一杯果汁，拧紧瓶盖后用塑料袋将瓶子包起来，并将它放到冰箱的冷藏室进行冷藏。

2 在果汁快要结冰的时候，从冷藏室里将它取出来。

你可能无法确定果汁在冷藏室里到底需要多长时间才会结冰，可以在做这个游戏前先往冷藏室里放一瓶果汁，然后记下时间。

打开瓶盖前，尽量让手和瓶子离脸远一点。

取出果汁后，打开瓶盖，会有什么情况发生？ **3**

观察结果

咦？这是怎么回事？到底是谁变了魔术！

你会发现，果汁像变魔术一样突然结冰了。

怪博士爷爷有话说

　　液体会不会凝固，并不完全取决于温度，如果液体没有凝结核，也没受到任何扰动，那么即使在零下10℃，它也不会凝结，这种现象叫作过冷却现象。但是如果对这种冷却的液体施加一定的干扰，那么它就很容易凝结。把快要结冰的果汁从冰箱里拿出来，拧开瓶盖就会对里面的果汁造成一定的干扰，受到扰动后的冷果汁会迅速结冰。

37. 凉咖啡

将同样温度的咖啡放在同一个地方冷却，一杯冷却得快一些，另一杯冷却得慢一些。这是为什么呢？

准备工作

- 一袋咖啡
- 一只碗
- 两个玻璃杯
- 一盒牛奶
- 一把勺子

跟我一起做

泡咖啡可以请家长帮忙，而且要小心烫哦！

1 在碗里泡好咖啡，向两个相同的玻璃杯里分别倒半杯咖啡。

用勺子往其中一杯咖啡里加入两勺牛奶，搅拌一下。

2

哇～～闻起来好香啊！

3 差不多两分钟过后，向另一杯咖啡中也加两勺牛奶，搅拌一下。

4 尝一下两杯咖啡，有什么区别？

可以请爸爸妈妈来品尝，问一下感觉。

观察结果

你会发现，后加牛奶的那杯咖啡要更凉一些。

好奇宝宝科学实验站

怪博士爷爷有话说

热咖啡和它所处的环境温差越大，冷却的速度就越快。本来第一杯咖啡与周边环境的温差很大，向里面加入牛奶后，咖啡就会冷却，温差就会缩小。而第二杯咖啡冷却两分钟后再向里面加牛奶，相当于冷却了两次，因而它的温度会更低。

38. 用微波炉加热橡皮糖

橡皮糖加热后会变成什么样子呢？会熔化成水吗？我们一起来做做看。

准备工作

- 一张烹饪纸
- 10 颗橡皮糖
- 一台微波炉
- 一台冰箱

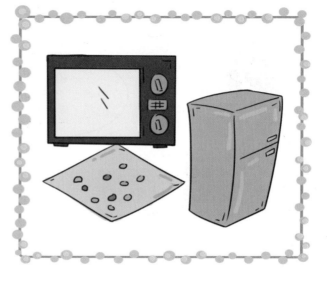

跟我一起做

1 将烹饪纸铺到耐热盘上，放上大约 10 颗橡皮糖。

奇宝宝科学实验站

2 用微波炉加热 30 秒，拿出来放到冰箱里冷却。观察橡皮糖有什么变化？

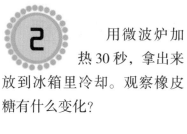

从微波炉里拿出来的时候，注意别烫到手啊！

一粒一粒的橡皮糖怎么不见了？谁动了手脚？

观察结果

用微波炉加热橡皮糖，会产生许多泡沫，橡皮糖保持原来不同的颜色化开。冷却之后，还会变得像原来的橡皮糖那样硬。

橡皮糖还真是会变身呢！混合后的颜色真漂亮！

橡皮糖是怎么做到变软又变硬的呢？

怪博士爷爷有话说

橡皮糖是在水果汁里加入明胶而制成的一种糖果。明胶是将动物骨头或皮经熬制而成的蛋白质，具有加热后熔化、冷却后凝固的性质。所以我们才会看到实验中的橡皮糖，在微波炉加热后熔化，放到冰箱里冷却又会变硬的样子。

39. 用电饼铛熔化水果糖

水果糖熔化后会变成什么样子？做完下面的实验，你就知道了。

准备工作

- 几颗水果糖
- 一个电饼铛
- 一张烹饪纸
- 两个小纸杯
- 几根牙签

跟我一起做

1 将烹饪纸剪成边长10厘米大小，为了拿着方便，将两个对角稍微折一下。

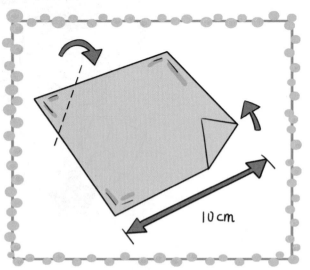

10cm

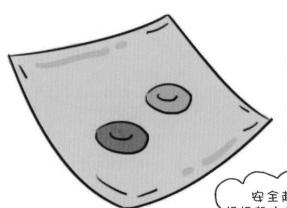

2 将电饼铛设定为 120 ℃，在电饼铛内铺上烹饪纸，再将 2 ～ 3 颗不同颜色的水果糖放到烹饪纸上。

安全起见，让妈妈帮忙使用电饼铛比较好。

3 过 2 ～ 3 分钟后，水果糖开始逐渐熔化。

4 用牙签将熔化了的不同颜色的水果糖混在一起形成大理石纹样。

水果糖很热，不要被烫到。

5 拿着烹饪纸折起的两个角将热水果糖移动到盘子等其他地方，使它冷却下来。

6 如果倒在小纸杯里进行熔化、冷却，就会变成圆形的水果糖。

小朋友还可以找一些其他形状的模具，将水果糖变成各种想要的图案。

观察结果

水果糖为什么会这样呢?

在实验中,你们能看到水果糖加热熔化、冷却变硬的整个过程。

怪博士爷爷有话说

水果糖是以白砂糖、淀粉糖浆、柠檬酸、水果香精、食用色素为原料,调配而成的一种糖果。将白砂糖用水溶解并进行加热,会发生化学反应(即由一种物质变成另外一种物质)而溶解。温度不同时熔化的方式也不同,所以用白砂糖制成的水果糖是会熔化的。

40. 冷冻后的蜂蜜

平时生活中我们大多不会将蜂蜜放到冰箱里冷冻，蜂蜜到底会不会冻结呢？

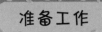

准备工作

● 一次性杯子
● 一把剪刀
● 一瓶蜂蜜
● 一台冰箱

跟我一起做

使用剪刀时，注意不要伤到手。

1 将一次性杯子的下半部剪下来，倒入蜂蜜。

2 打开冰箱，放到冷冻室内。

注意杯子不要倒了。

一天过后，观察蜂蜜的变化情况。

3

观察结果

蜂蜜不会冻结的原因是什么呢？

将黏稠的蜂蜜放到冷冻室内，虽说会凝固但是并没有冻结，会凝结成像硬硬的麦芽糖一样的状态，而且熔化后会恢复原状。

怪博士爷爷有话说

水的冰点是0℃，但是将糖或者食盐向水里放得越多，就越不容易结冰，而且也很难蒸发。蜂蜜中大部分为糖类，所以不容易冻结。

41. 平分蛋糕

打算将蛋糕分成7份，可是没有合适的测量工具很难办到。如果在橡皮筋上每隔1厘米做一个记号，然后将它拉长到与蛋糕相同的长度的话，能做到吗？

准备工作

- 一块长条蛋糕
- 一把刻度尺
- 一根橡皮筋

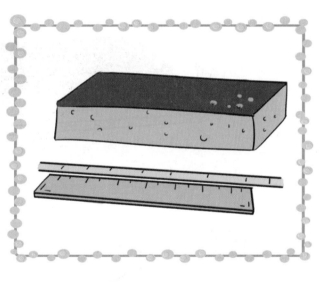

跟我一起做

测量尺度一定要准确哦！

1 用刻度尺在橡皮筋上每隔1厘米画出一个记号，从0到10。

将做好记号的橡皮筋 0 的位置放在蛋糕的一端。

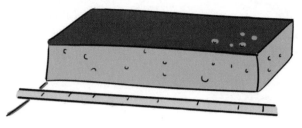

需要 7 等分, 就将橡皮筋写着 7 的位置拉长到蛋糕的另一端。那么被拉长的每个记号间的长度就相等了。

7 份蛋糕都一样大, 跟小朋友们分享时就不会吵架啦!

观察结果

每个记号之间都被等比例拉长, 将蛋糕 7 等分。橡皮筋尺子真的能做到哦!

怪博士爷爷有话说

为什么橡皮筋尺子能够被同样拉长呢？在橡皮筋里存在许许多多如弹簧般的小橡胶物质（橡胶的分子）。拉伸橡皮筋，那些小橡胶物质会以相同的长度伸长。

42. 制作果冻

很多小朋友都爱吃果冻，如果能学会制作果冻的本领，以后就能随时吃到了，快跟随我们一起做实验吧。

准备工作

- 开水
- 一袋明胶
- 一袋红茶袋
- 一袋白糖
- 一把勺子
- 一个模具
- 一台冰箱

跟我一起做

1 把 5 克明胶放入 250 毫升开水里溶解开。加入两大勺白糖后搅拌，使之充分混合。

> 搅拌时动作要轻一些，以免开水溅出烫到自己。

2 在水中放入红茶袋，稍微晾凉之后倒入模具中，放到冰箱里冷藏。

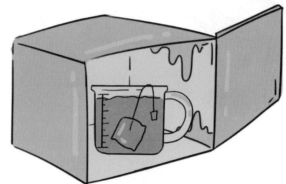

不同的模具会有不同的形状，多试几个吧！

几小时后，观察红茶果冻是否制作成功。 **3**

自己做的果冻似乎更好吃呢！明胶的作用真大。

观察结果

明胶仅仅放置不动是不会凝固的，只有放在冰箱里冷藏才会凝固，变成红茶果冻。

怪博士爷爷有话说

为什么明胶放在冰箱里冷藏才会凝固呢？那是因为明胶是由动物的骨头或者皮制成的，温度不低于15～20℃就不会凝固，所以在普通的室温下是不会凝固的。

43. 果冻解冻

果冻布丁是胶状的东西，像被冻住了一样，如果你想给它"解冻"，也是非常容易做到的。

准备工作

- 一只碗
- 一锅沸水
- 一袋果冻粉
- 一双筷子
- 一把菜刀
- 三个碟子
- 一块菠萝
- 一袋含有酶的洗涤液
- 一袋不含酶的洗涤液

跟我一起做

1 向碗里加入 100 毫升刚烧开的水，立即加 50 克果冻粉，用筷子搅拌均匀，让果冻粉完全溶解。

果冻粉溶液冷却后就会变成胶状的果冻，用菜刀将碗里的果冻切成三份，分别装在三个碟子里。

在第一个碟子里加一块菠萝，在第二个碟子里滴几滴含有酶的洗涤液，在第三个碟子里滴几滴不含酶的洗涤液。

3

可以跟妈妈确认洗涤液的种类哦！

观察结果

咦？是什么把果冻"破坏"了，一定要找出答案。

几小时后，第一个碟子和第二个碟子里的果冻"解冻"了，第三个还是原来的胶状物。

怪博士爷爷有话说

果冻粉里的主要物质是蛋白明胶，而菠萝和含酶的洗涤液里含有蛋白酶，蛋白酶能分解蛋白质，让胶体变成液体，这就为果冻"解冻"了。

44. 冷冻后的豆腐

新鲜豆腐上很难发现孔洞，但是经过冷却后的豆腐却满是小洞。

准备工作

- 一块新鲜的豆腐
- 一台冰箱
- 一只盘子

跟我一起做

1 把豆腐切成几小块。

千万不要切到手指哦！

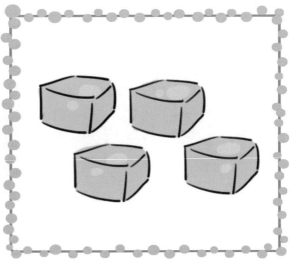

将其中一小块儿豆腐放在盘子上，再将这个盘子放入冰箱的冷藏室。一天后，取出盘子，观察豆腐有什么变化？

观察结果

豆腐上怎么会有这么多小洞呢？

你会看到一块变成蜂窝状的冻豆腐。

怪博士爷爷有话说

即使是新鲜的豆腐，它的内部也有很多小孔，只是我们用肉眼无法看到而已。这些小孔里都充满了水，这也是豆腐为什么会那么软的原因之一。当我们将豆腐放入冷藏室冷冻后，孔里的水就会结冰，冰块把孔洞撑大。

45. 变颜色的虾

平时我们在海鲜市场里看到的虾是青灰色的,但是煮熟后却变成了红色,你们知道这是为什么吗?

准备工作

- 几只活虾
- 一口锅
- 一瓶水

跟我一起做

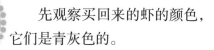

煮虾的工作交给妈妈,小朋友在一旁观察就好。

1 先观察买回来的虾的颜色,它们是青灰色的。

2 在锅里加入适量的水,将虾放入锅内,打开燃气灶煮上一会儿。观察虾的颜色变化。

观察结果

难道虾跟变色龙一样，有变色的本领吗？

你会看到，虾都变成了红色。

怪博士爷爷有话说

虾的外壳中有很多色素，这些色素大多都是青灰色的，所以，活虾看起来都是青灰色的。一旦将虾放在锅里煮，大多数色素都会被高温破坏掉，只剩下不怕高温的红色素了。因此，虾煮过之后就变成红色了。

46. 洋葱的变化

小朋友，你们想一想切开后的洋葱还能继续生长吗？做完下面的实验你就知道答案了。

准备工作

- 一个洋葱
- 一把菜刀
- 一个托盘
- 两张厨房用纸
- 一瓶水

跟我一起做

一定要小心刀具，以免伤手。

1 用菜刀将一个洋葱切成上下两部分。

2 在加了水的托盘里铺上厨房用纸，将切开的洋葱放在上面。记住每天都要换水哟！

另一半洋葱只是放在一旁，它们会有什么变化呢？

观察结果

几天后，你会发现下半部分发出绿芽，而上半部分不但没有发芽，还烂掉了。

怪博士爷爷有话说

洋葱是我们经常吃的一种蔬菜，洋葱里含有许多养分，而洋葱的下半部分含有芽和根，利用这些养分，这些芽和根就会不断长大。小朋友可以找找看，除了洋葱以外，还有哪些蔬菜切开后能继续生长呢？

47. 会变色的魔芋丝

魔芋丝明明是白色的，怎么变色了呢？是什么让它变色的呢？

准备工作

- 一口锅
- 一台电磁炉
- 一颗紫甘蓝
- 一袋魔芋丝
- 一双筷子
- 一瓶醋
- 一瓶水

最好让妈妈帮忙煮，小朋友在一旁观察即可。

跟我一起做

1 把 1/4 的紫甘蓝放到 400 毫升的水里煮。

2 水沸腾并变成紫色后，取出紫甘蓝，加入魔芋丝，煮3分钟后取出来。这时的魔芋丝会是什么颜色的呢？

捞取紫甘蓝、魔芋丝时，一定要注意安全，可以寻求家长的帮助。

3 将醋洒在捞取出来的魔芋丝上面，观察有什么变化？

魔芋丝好像变色龙啊，太有趣了！

白醋

观察结果

第二步中，你会看到白色的魔芋丝变成了青色，紫色的甘蓝水也变成了青色。

第三步中，将醋洒在变成青色的魔芋丝上，魔芋丝会立刻变成鲜艳的粉色。

怪博士爷爷有话说

第二步中发生的变化是因为紫甘蓝水具有加入碱性物质变成青色的特性。魔芋丝属于碱性物质，所以会变成青色。第三步中，在紫甘蓝水中加入酸性物质会变成红色，是因为魔芋丝是碱性的，而醋是酸性的。小朋友，这个实验中制得的紫甘蓝水要保留啊，下个实验中会使用到。

48. 会变色的米饭

用紫甘蓝水煮出来的米饭是紫色的吗？加入柠檬汁、醋、盐水和鸡蛋清后，会发生什么改变？

准备工作

- 一袋大米
- 一个电饭锅
- 混合蔬菜
- 一瓶柠檬汁
- 一瓶醋
- 一杯盐水
- 两个鸡蛋
- 四只小碗
- 实验 47 制得的
  紫甘蓝水

跟我一起做

1 用紫甘蓝水煮饭时，放入少许盐和蔬菜调味。

2　米饭做好后，分别盛入四只小碗中。

在第一只碗里加入柠檬汁，在第二只碗里加入醋，在第三只碗里加入盐水，在第四只碗里加入鸡蛋清。

3

| 柠檬汁 | 醋 | 盐水 | 鸡蛋清 |

太神奇了，五颜六色的米饭可真漂亮啊！

观察结果

用紫甘蓝水煮过的米饭会变成紫色，按照第三步的做法实验后，你会看到第一只碗里的米饭变成了红色，第二只碗里的米饭变成了粉色，第三只碗里的米饭没有变化，第四只碗里的米饭变绿了。

怪博士爷爷有话说

　　先来说说为什么用紫甘蓝水煮过的米饭会变成紫色？这是因为米饭既不呈碱性也不呈酸性，而是中性。紫甘蓝水里加入中性物质不会变色，而米饭容易被染色，所以会变成紫甘蓝水的颜色。在第三步中，当分别加入不同的物质后，米饭的颜色差异比较大，这说明可以利用紫甘蓝水来进行酸碱检查。在紫甘蓝水中加入酸性物质会变红，加入碱性物质就会变青或者变绿，加入中性物质颜色不会发生变化。

49. 蔬菜密度大比拼

把几种不同的蔬菜加入不同的液体中，怎样区分它们的密度谁更大一些呢？

- 2 个茄子块
- 2 个胡萝卜块
- 1 个黄瓜块
- 1 个土豆块
- 一个大水盆

跟我一起做

各个切块的大小要差不多，否则实验就没有意义了。

1 把切成片的茄子和胡萝卜放到水里，会怎么样呢？

2 在水里加入大量的白糖。

加入白糖后，胡萝卜有什么变化？

3 在糖水里加入色拉油。

油

糖水

仔细观察，又会有什么变化？

4 下面是糖水，中间是普通的水，上面是色拉油。把茄子、黄瓜、胡萝卜和土豆放进去，会发生什么现象？

观察结果

第一步中，茄子浮了起来，胡萝卜沉到了水底。

第二步中，在水里加入大量的白糖之后，沉到水底的胡萝卜立刻浮了起来。

第三步中，加入色拉油之后，变成糖水在下、色拉油在上的两层。胡萝卜位于糖水与色拉油之间，茄子会浮起来。

第四步中，每个蔬菜所在的位置都不一样呢，土豆沉到了糖水的底部，胡萝卜沉到了水的底部，黄瓜浮在水的表面，茄子在色拉油里浮了起来。

怪博士爷爷有话说

第一步中，相同体积的水密度要比茄子大，所以茄子会浮起来。而相同体积的水密度要比胡萝卜小，所以胡萝卜会沉到水底。

第二步中，糖水比普通的水密度大。加入大量白糖之后，由于糖水比胡萝卜密度大，所以胡萝卜浮了起来。

第三步中，色拉油不溶于水又比糖水密度小，所以会分成上下两层。胡萝卜在糖水里会浮起来，但是在色拉油里会沉下去，所以这个时候胡萝卜位于糖水与色拉油之间。因为茄子比色拉油密度还小，所以会浮起来。

第四步中，每种蔬菜所在的位置不一样，是因为比液体密度小的蔬菜会浮在那个液体上，比液体密度大的就沉了下去。

50. 水果密度大比拼

把几种不同的水果加入不同的液体中，怎样区分它们谁的密度更大一些呢？

准备工作

- 4 个苹果
- 4 根香蕉
- 4 个猕猴桃
- 4 粒葡萄

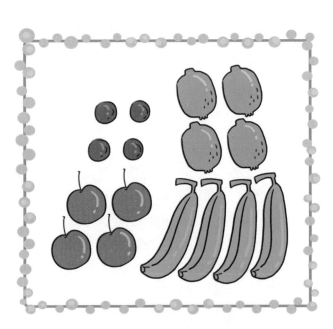

跟我一起做

1 将完整的苹果、香蕉、猕猴桃、葡萄放到水里，观察有什么变化？

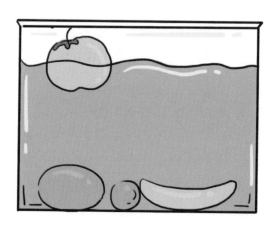

将上面几种水果剥皮后放到水里，观察有什么变化？

2

剥水果皮时，需使用刀的要注意安全，不要划到手。

3

把冷冻后的上面几种水果都放到水里，观察有什么变化？

水果冷冻时间不要太短，否则实验达不到预期效果。

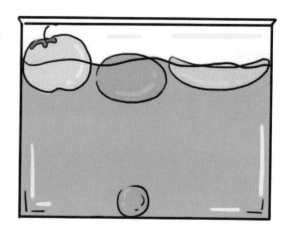

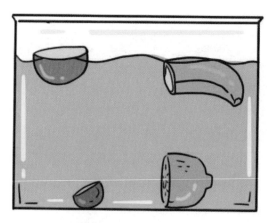

把水果切开一半放到水里，观察有什么变化？

4

小心不要切到手指哦！

观察结果

这些水果一会儿浮起来，一会儿又沉下去，到底怎么回事？

第一步中，苹果和香蕉浮了起来，而猕猴桃和葡萄沉了下去。

第二步中，只有苹果浮起来，香蕉、猕猴桃和葡萄都沉了下去。

第三步中，苹果、香蕉和猕猴桃浮了起来，沉下去的只有葡萄。

第四步中，浮起来的有苹果和香蕉，猕猴桃和葡萄都沉下去了。

怪博士爷爷有话说

第一步中，我们把相同体积的水与水果进行比较，如果水果的密度比水的密度大，就会沉下去。猕猴桃的密度与葡萄的密度比水大，所以沉下去了。

第二步中，香蕉去掉皮之后，失去了中间的空气，变得比相同体积的水要重，所以会沉下去。

第三步中，猕猴桃里含有的水分冻上之后体积会增加，与相同体积的水相比，猕猴桃变轻了，所以在水里会浮起来。而葡萄就算冻上了其密度也比水的密度小。

第四步中，把切开一半的水果与相同体积的水进行比较，如果水果的密度比水的密度大的话就会沉下去。切开一半与完整的水果，放到水里结果是一样的。

51. 草莓的变化

在草莓里撒上白糖，草莓会发生什么变化呢？想知道答案吗？快跟我一起做做看吧！

准备工作

- 一盒草莓
- 一只透明玻璃碗
- 一把勺子
- 一袋白糖

跟我一起做

1 把一盒草莓的花蒂全部摘掉，洗干净放到玻璃碗里。

均匀地撒上 4 大勺白糖，放置 2 小时左右。观察草莓的变化情况。

用水或者汽水稀释后饮用。

观察结果

酸酸甜甜的真好喝啊！是从哪里流淌出来的呢？

在草莓上撒上白糖，放置 2 小时，会渗出很多红色液体。

怪博士爷爷有话说

为什么会出现实验中的情景呢？那是因为草莓和白糖相比，草莓含有大量水分。要变成同样的浓度，草莓中的水分就会渗透到白糖里。除了草莓，可以换成西红柿做做看。

52. 草莓液和牛奶的结合

在实验 51 中制得的红色草莓液中加入牛奶，会发生什么反应呢？

准备工作

- 一个玻璃杯
- 一盒牛奶
- 实验 51 中制得的红色液体

跟我一起做

1 将牛奶倒进杯子里。

将实验 51 中制
得的红色液体沿着
杯沿缓慢地注入牛奶中。

这里的草莓液也可以使用商店出售的糖浆代替。

仔细观察，会发生什么变化呢?

观察结果

将红色的草莓液缓慢地
注入牛奶中，会沉到下面，
形成分成上下两层的饮料。

哈哈，两种液体
真是"泾渭分明"呢!

不过杯子里的分
层是如何形成的呢?

怪博士爷爷有话说

从草莓里出来的红色液体中含有大量的白糖。与等量的牛奶相比，红色液体的密度要比牛奶大，所以会沉到下面。

53. 柠檬魔术师

人们常常在食品中加入防腐剂，以抑制细菌和真菌的生长，使食品长时间保鲜。其实，除了化学防腐的方法外，一些水果也可以防腐。不信我们就让柠檬来展现一下它的防腐效果。

准备工作

- 一张纸巾
- 一张白纸
- 一把水果刀
- 一个马铃薯
- 一个苹果
- 一根香蕉

> 切块时一定要小心，不要伤到自己的手。

跟我一起做

1 分别将马铃薯、苹果和香蕉切成一样大小的三块。

2 将白纸铺在操作台上，划分为9格的井字格，横向上标示"香蕉""苹果""马铃薯"，纵向标示"无""柠檬汁"和"水"，将水果放在对应的栏中。

> 如果做起来有困难，可以找找爸爸妈妈帮忙。

第一行的三种水果不做任何处理。将几滴柠檬汁分别滴在第二行的三种水果上，使水果表面全部被柠檬汁覆盖。在第三行的三种水果上滴几滴水。 **3**

1 小时后，观察每块水果的变化情况。 **4**

观察结果

你会发现，第一行和第三行的水果都变成褐色，加柠檬汁的水果颜色没变。

> 啊！水果变色了，都不敢吃了！

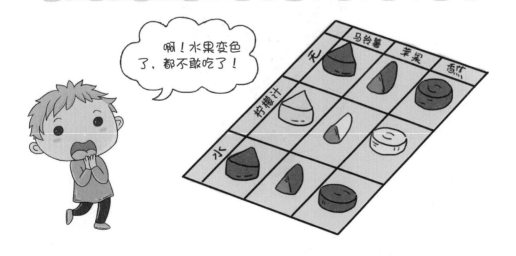

怪博士爷爷有话说

　　水果表皮切开后，果肉中的酶与空气中的氧气发生氧化反应，加上空气中还有许多微生物，就会导致水果变色。柠檬汁是酸性物质，能够杀死微生物，阻隔水果与空气的接触。柠檬汁中的维生素C可以延缓氧化反应，因此被柠檬汁覆盖的水果没有变颜色。

54. 制作蓝莓试纸

蓝莓果实中含有丰富的营养成分，有"水果皇后"的美誉。你们知道还能用蓝莓制作酸碱试纸吗？快来跟我一起做下面的实验。

准备工作

- 几颗蓝莓
- 一张白色图画纸
- 一把叉子
- 一把汤匙
- 一瓶醋
- 一袋小苏打
- 一把剪刀
- 三只碗
- 一杯水

跟我一起做

1 将蓝莓去掉梗，用叉子将它捣烂，直到像果酱一样。

捣烂时要有耐心哦！还要注意安全，叉子不要伤到手。

2 在碗里加水，将蓝莓稀释成果汁。将白色的图画纸剪成小条，浸泡在果汁里。然后取出纸条，将纸条上的果渣去掉，晾干。

哇～～真是不可思议，纸条竟变成了紫色！

在一只小碗中倒入醋，在另一只小碗中加入小苏打和水，配成溶液。 **3**

4 将试纸放入醋中，试纸会发生什么变化？将试纸放入小苏打水中，试纸又会发生什么变化？

唉？怎么试纸的颜色不一样呢？

观察结果

将试纸放入醋中，试纸变成了红紫色；将试纸放入小苏打水中，试纸呈蓝紫色。

小苏打

醋

怪博士爷爷有话说

　　蓝莓含有一种色素，它可以根据溶液中氢离子浓度的变化而改变颜色。溶液呈酸性时，色素变为紫色；溶液呈碱性时，色素变为蓝色。实验中，蓝莓试纸是紫色的，所以在醋中呈红紫色，在碱性小苏打溶液中呈蓝紫色。

55. 橘子上的薄皮溶解了

是什么让橘子自动脱落了外面的薄皮，好想快点知道是怎么回事。

准备工作

- 一个橘子
- 一只碗
- 一瓶水
- 一袋小苏打
- 一口锅
- 一把漏勺
- 一把勺子

为避免烫伤，最好让妈妈帮忙加热，小朋友向锅里放橘子。

跟我一起做

1 将500毫升的水和一小勺小苏打放到锅里加热，沸腾后放入剥了皮的橘子。

2 橘子上的薄皮变白，热水变黄后，一边轻轻晃动漏勺一边将橘子捞出，你会看到什么现象？

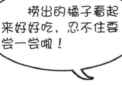

捞出的橘子看起来好好吃，忍不住要尝一尝啦！

观察结果

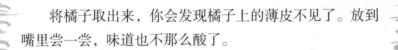

将橘子取出来，你会发现橘子上的薄皮不见了。放到嘴里尝一尝，味道也不那么酸了。

怪博士爷爷有话说

小朋友们肯定好奇，为什么会这样呢？这是因为小苏打属于碱性，能够溶解植物纤维，因此橘子上的薄皮会被溶解。橘子的味道变得不酸了，是因为碱性的小苏打使酸性的橘子变成了中性。

56. 柠檬发霉了

将一个新鲜的柠檬放在冰冻袋里，一个星期后，柠檬会变成什么样子呢？

准备工作

- 一个柠檬
- 一个冷冻袋

跟我一起做

1 将新鲜的柠檬洗干净后装进冷冻袋里。

冷冻袋的袋口要扎紧，袋子不要有破洞。

将这个冷冻袋放在湿润温暖的地方。

一周后，取出冷冻袋，观察里面柠檬的变化。

观察结果

哈哈，柠檬披上了一层绿色外衣，但是不太好看！

你会看到，柠檬裹了一层绿色的霉菌。

怪博士爷爷有话说

霉菌就是发霉的真菌，尽管它们没有蘑菇那样的个头儿，却往往能形成茂盛的菌丝体。物品长期被放在潮湿温暖的地方，就会长出霉菌，尤其是当它们要腐烂时，就更容易长出这种肉眼可见的绒毛状、絮状或蛛网状的霉菌。

57. 水果催化剂

发了霉的柠檬能催熟未成熟的水果，不敢相信吧？跟我一起做完下面的实验，你就会相信。

准备工作

- 一个未成熟的梨
- 一个未成熟的苹果
- 一个发霉的柠檬
- 一个塑料袋

跟我一起做

塑料袋口一定要绑紧，塑料袋不能有破损，以防漏气。

1 将苹果和梨装入塑料袋，再将发了霉的柠檬也放到这个塑料袋中，将塑料袋口绑好。

几天之后，观察袋子里苹果和梨的变化。

时间不要太久，否则苹果和梨会烂掉！

观察结果

你会发现，袋子里的苹果和梨已经成熟了。

怪博士爷爷有话说

柠檬发霉之后，会长出霉菌，霉菌能释放出乙烯，乙烯具有催熟水果的作用，因此，把发了霉的柠檬跟没有成熟的水果放在一起，水果会被催熟。但是需要注意，吃这些被催熟的水果之前，一定要洗干净了再吃。

58. 被水涨破的樱桃

将洗好的樱桃放在装满水的水杯里，一天后，樱桃会有什么变化呢？

准备工作

- 几颗红樱桃
- 一个装满水的水杯

跟我一起做

将红樱桃用水洗干净，然后将它放在装满水的水杯里，一天过后，观察它的变化情况。

观察结果

樱桃怎么"受伤"了？到底是谁打了它？

你会看到，樱桃的皮全都裂开了。

怪博士爷爷有话说

　　樱桃的表皮上有我们无法用肉眼看到的孔隙，如果让它长时间浸在水里，水分就会大量地渗入到孔隙中，这会加大表皮细胞的压力，促使表皮破裂开来。

59. 吃油的苹果

你知道苹果还能除油吗？跟我一起来做下面的实验吧！

准备工作

- 一只油腻的盘子
- 一个苹果
- 一把水果刀

跟我一起做

水果刀十分锋利，使用时要注意安全，不要划到手指。

1 将苹果用水果刀切成片。

2 将刚切好的苹果片在油腻的盘子上抹一遍。

观察结果

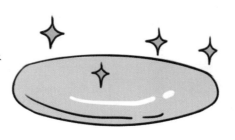

脏兮兮的盘子变得可真干净，苹果好厉害！

你会看到，盘子里的油腻不见了。

怪博士爷爷有话说

苹果真的能"吃油"呢！这是因为苹果中含有大量的果酸，刚被切开的苹果表面的果酸能与油发生化学反应，生成了一种易溶于水的物质，所以，盘子里的油腻就被消灭了。

60. 让苹果保鲜

怎样才能让切开的苹果不变黑？跟着下面的实验一起做，你就能做到了。

准备工作

- 一个苹果
- 一杯柠檬汁

跟我一起做

将苹果切成4瓣，取1瓣苹果放在桌子上，1瓣放入冰箱；在剩余的两瓣苹果上洒柠檬汁，然后将其中一瓣放在桌子上，另一瓣放入冰箱中。

如果柠檬汁不小心弄到手上，千万不要用这只手去揉眼睛。

观察结果

你会看到，放在桌子上、没洒过柠檬汁的苹果最先变黑，而放在冰箱中、洒过柠檬汁的苹果最后变黑。

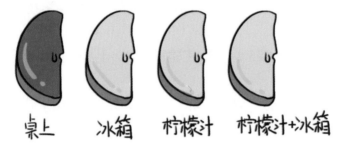

桌上　　冰箱　　柠檬汁　柠檬汁+冰箱

怪博士爷爷有话说

苹果被切开时，其中的细胞遭到了破坏，释放出多酚氧化酶。这种酶会促使苹果中的苯酚与氧气加速反应，生成棕色色素，让苹果变色。与此同时，苹果的口感也会变差。

这种酶的活性在低温条件下会降低；另外，如果遇到像柠檬汁那样的酸性物质，酶的活性也会大大降低。如果手边没有柠檬汁，可以用橘子汁代替，不过效果比柠檬汁会差些。

参考文献

[1] 安尼塔 范 萨恩. 365 个科学实验 [M]. 南京：江苏少年儿童出版社，
    2012.

[2] 王剑锋. 最爱玩的 300 个科学游戏 [M]. 天津：天津科学技术出版社，
    2012.

[3] 刘金路. 儿童科学游戏 365 例 [M]. 长春：吉林科学技术出版社，
    2013.

[4] 詹妮丝 范克里夫. 25 堂食物实验课 [M]. 上海：上海科学技术文
    献出版社，2015.

[5] 莉娜 斯卡尔佩利尼. 趣味科普——食物实验室 [M]. 郑州：海燕
    出版社，2013.